老古董丛书

古代木器家具

主编　铁源

目录

主　编　铁　源
副主编　溪　明
编　委　张良仁　羽　根　良　民　季　涛　陆志红

古代木器家具

古代木器家具一般是指明清传统家具。明清传统家具的制作水平相当高，在国内外享有很高的声誉。明清传统家具的突出特点是采用较为贵重的优质木材，如紫檀木、红木、花梨木、铁梨木、鸡翅木、乌木、榉木等制作。这些木材具有不同的色彩和纹理，用这些木材制作的家具多利用木质本身的自然色彩

紫檀木是世界上最名贵的木材之一，主要产于南洋群岛的热带地区。我国广东、广西也产紫檀木，但数目不多。紫檀木属常绿亚乔木，生长很慢，经数百年才能成材。明代时此木为皇家所重视，不仅在国内大量采伐，而且派官员到南洋采办。明末清初之季，世界所产紫檀木大多集中在中国，分储广州和北京。紫檀木分为金星紫檀、鸡血紫檀、花梨紫檀、牛毛紫檀等。紫檀木的特征主要表现为颜色呈犀牛角色，它的年轮纹大多是绞丝状的，尽管也有真丝的地方，但细看总有绞丝纹。其鬃眼细密，木质坚重。紫檀木分新、老两种。新者色红，老者色紫，均有不规则的蟹爪纹。鉴别新、老紫檀木的方法有两种，一是新紫檀木用水浸泡后掉色，老紫檀木浸水不掉色；二是在新紫檀木上着色不掉，老紫檀木打上颜色一擦就退掉。紫檀木树种虽多，但它们有许多共同特点，尤其是色彩，都呈紫黑色。制作紫檀家具多利用其自然特点，采用光素手法。如果雕花过多，掩盖了木质本身的纹理和色彩，就如画蛇添足了。

红木产于我国广东、云南及南洋群岛。红木也是很珍贵树

种，其年轮都是直丝状，鬃眼比紫檀木较大，其颜色近似枣红色。在硬木当中，红木用途甚广，可制作高档家具。目前见到的明清红木家具有立柜、书厨、书架、大立镜、小座镜、梳妆台、八仙桌、太师椅、陈列架、茶几等。还有用大理石和螺钿嵌的桌椅、梳妆台等。红木与紫檀的区别是：红木纹理近似紫檀，划痕呈赭褐色，酒浸后液亦呈赭褐色。紫檀纵切面纹理如短卷发，划痕呈紫色。

花梨木产于我国热带地区广东、广西等省区。花梨木肌理细腻，木质坚硬，年轮为直丝状，鬃眼比红木更大。花梨木也有新、老之分。老花梨木又称黄花梨，颜色由浅黄到紫赤，色彩鲜美，纹理清晰而有香味。明代比较考究的家具多为老花梨木制成。新花梨木色赤黄，纹理色彩较老花梨较差。其特点是不吃颜色，一般都不上色，基本上是木质的本色。花梨木家具一般采用通体光素，不加雕饰，从而突出了木质本身纹理的自然美，给人以文静、柔和的感觉。常见的明清花梨木家具有桌、椅、书架、书格、床、箱子、立柜、镜框等。

铁梨木，又称铁力木、铁栗木，产于我国广东，木质坚硬而沉重，呈紫黑色。因其料大，所以用之制作大件家具较多。铁梨木材质坚重，色泽纹理与鸡翅木相近，不仔细观察很难分辨。有些鸡翅木家具的个别构件就用铁梨木伪充。凡用铁梨木制作的各式家具都极为经久耐用。

鸡翅木，又称杞梓木。产于广东，树干多结瘿白质黑章纹，如鸡翅膀，故名。鸡翅木也有新、老之分，新者木质粗糙，紫黑相间，纹理浑浊不清，僵直呆板，木丝容易翘裂起茬；老者肌理细腻，呈紫褐色，有深浅相间的蟹爪纹，细看酷似鸡翅。尤其是纵丫杈面，木纹纤细浮动，变化无穷，自然形成各种山水、风景图案。由于鸡翅木较花梨木、紫檀等木质纹理独具特色，优美的造型加以色彩艳丽的木纹，能使家具增添浓厚的艺术韵味。

榉木，北方叫南榆，其老龄而带赤色者名为血榉。榉木有很美丽的大花纹，层层重叠如山，在明清家具中占有重要地位。

明式家具一般是指我国明代至清代早期（约公元15－17世纪）所生产的以优质硬木家具。明式家具其明显的特征是它具有极高的审美价值和文化内涵，一直被誉为我国传统家具史上的高峰，即始是在几百年后的今天仍具有极高层次的审美价值。明式家具的主要特点是采用木架构造的形式，造型简洁、单纯、质朴，并强调家具形体的线条形象。体现了明快、清醒的艺术风格。明式家具的不事雕琢，充分发挥和展示了优质木材的质地、色泽和纹理的自然美。同时，明式家具的工艺精巧，使之格外隽永、古雅、纯朴和大方。以现代科学的眼光看，明式家具的比例合理，体现了完美的尺度和人体科学。因为明式家具具有这样的特点和魅力，符合现代人“回归自然，返璞归真”的追求，所以成为家具中的一枝奇葩。这些特征和魅力，不仅能够让收藏者在收藏价值上看好，也能够让投资者在经济价值上认可。因此，明式家具成为中国乃至世界收藏的“热潮”是必然趋势，也是合情合理的自然现象。

清式家具与明式家具比较而言，在造型和装饰上具有追求富丽华贵，繁缛雕琢的风气，这是由于当时“广式家具”盛行，加上清宫内院的追随和提倡造成的。清式家具一反明式家具数百年形成的古朴之风，以华丽为追求目标，极尽工匠之能事，将清式家具装饰得华贵富丽。家具以造型厚重，形体庞大为特点。由于晚清时期的家具败坏了清盛世时期家具的声誉，所以收藏界有“十清不抵一明”之说。现在看来，此说有失偏颇。清式家具也不乏精美之作，尤其是康雍乾的优秀作品流传至今。随着家具收藏热的兴起，清式家具越来越引起收藏界的关注是必然趋势。清式家具的趋富贵华丽这个特点正符合现代人追求富裕生活的心态。而且清式家具也极具升值的空间，拿两件100 × 58 × 54的红木圈椅来说，90年代初期市场价值在2000 － 3000元之间。而在1998年太平洋秋季拍卖会上，一件

103 × 68 × 50的红木圈椅则拍到1.4万元才落槌。收藏清式家具首先应以宫廷家具为正选。因皇家集天下能工巧匠制做的家具必须精巧绝伦，拥有一件就足以自豪。至于民间家具，只要造型优美，比例适中，式样独特，或者木质优良，都可在收藏之列，因其价值不可能太高，大可一边欣赏，一边使用，一边等待升值。

明清家具同其它文物、艺术品一样，也存在真伪的问题，这一点是收藏者必须要引以警惕的。一般来讲，做伪者多采用以下的手法:

1 、将不太值钱的家具改制成值钱的品种。例如，方桌相对来说是不大值钱的家具，而条案则比较值钱，因此就出现了将方桌改条案的现象。还有将小方桌或大方凳改成围棋桌，将插屏改为挂笔架等等。

2 、将一件旧家具拆散后，配上新料，再制成同样的二件、三件或更多件。例如将一把椅子改成一对椅子，更有甚者还有将一把椅子拼凑出四件为堂，诡称旧物修复。

3 、任意更改原有的结构、装饰。例如，有人认为比较“素（无装饰、雕饰）的明式家具年代可能较早，结果有些家具上的装饰件就在修复中去掉了，这也属于作伪。

4 、现在作伪是用部分旧料再搭配新料仿制，伪制水准之高，几可乱真。推开柜门，内贴旧纸，后背漆麻，都是精心从其他古旧家具上移下的。门轴的磨损程度，效仿逼真。更有高手，在榫卯内置昆虫等残渣体。

因此，对明清家具并不十分在行的收藏者在决定取舍之时，一定要慎之更慎。

清　红木大翘头案

成交价 RMB 18,000

清　红木架条案

成交价 RMB 25,000

清　红木双手拐子椅（一对）　成交价RMB 99,000

清　红木镂空下卷案

成交价 RMB 8,800

清　红木连体多宝格

成交价 RMB 25,000

清　红木独木大条案

39 × 316 × 112cm

成交价 RMB 22,000

清　红木大下卷案

成交价 RMB 12,000

清　红木大理石面

花兰小桌

成交价 RMB 5,500

清　红木双面雕工太师椅（四只）

62 × 49 × 102cm

成交价 RMB 17,000

清　红木南官帽椅（一对）

59 × 47 × 109cm

成交价 RMB 6,000

清　红木灵芝纹太师椅（四只）、茶几（两件）

69 × 50 × 110cm

50 × 50 × 77cm

成交价 RMB 62,000

清　红木亮格书柜

83 × 43 × 177cm

成交价 RMB 12,000

清　红木雕花大罗汉床、红木炕桌

83 × 43 × 177cm、面高 52cm、66 × 42 × 27cm

成交价 RMB 120,000

清　红木雕龙拉钱茶几（一对）

48 × 48 × 77cm　成交价 RMB 35,000

清　红木雕花长条案

245 × 47 × 107cm　　成交价 RMB 25,000

清　红木雕灵芝纹大方桌

99 × 99 × 83cm　成交价 RMB 9,500

清　红木太师椅（八把）、茶几（四件）

63 × 48 × 100cm　成交价 RMB 35,000

清　红木嵌理石圆桌一件

红木嵌理石月牙凳（六件）

97 × 81cm

50 × 33 × 50cm

成交价 RMB 16,000

清　红木雕龙元头几

133 × 80cm　成交价 RMB 8,000

清　红木灵芝椅、茶几（三件）　成交价 RMB 11,000

清　红木雕龙翘头几　　成交价 RMB 99,000

清　红木鸡翅头几　　135 × 86cm　　成交价 RMB 66,000

清　红木双手拐子椅（一对）　成交价RMB 110,000

清中期　红木雕龙书柜（二件）

93.5 × 62 × 133.5cm

成交价 RMB:260,000

清　红木大书案

160 × 82cm

成交价 RMB 15,000

清　红木瓷面方桌四方凳（五件）

79 × 79 × 80cm（桌）37 × 37 × 45.5cm　成交价 RMB 10,000

清　红木书架（一对）

113 × 42cm

成交价 RMB 110,000

清　红木娘娘椅（一对）　成交价RMB 110,000

1　清　红木顶柜（2件）

250 × 120.9 × 58cm　成交价RMB 380, 000

清　红木扇面椅（一对）　　成交价RMB 11,000

清　红木圆腿雕花八仙桌、方凳（5件）　成交价RMB 275,000

清　红木大理石面梅花台、鼓凳5件　成交价RMB 275,000

清　红木三角花几（一对）　成交价RMB 110,000

清　红木美人榻

成交价 RMB 16,000

清　红木小月牙桌

成交价 RMB 12,000

清乾隆　红木供案式大书案

86 × 189.5 × 83.5

成交价 RMB 150,000

清　红木雕花椅（四只）

115 × 62 × 48cm

成交价 RMB 35,000

清　红木雕花椅（一对）

97.5 × 65.5 × 51.5cm　　成交价 RMB 16，500

清　红木长茶几　　成交价 RMB 3,300

清　红木大（一对）
成交价RMB 11,000

清中期　红木雕花条桌、红木束腰方凳（一对）
106 × 182 × 41cm、51 × 54 × 54cm　成交价RMB 36，300

清　红木大理石太师椅
66 × 52 × 105cm
成交价 RMB 7,800

清　红木雕龙弯腿香几
50 × 35 × 75cm
成交价 RMB 42,000

清晚期　粉彩人物瓷板蕊红木插屏
42 × 73.5cm
成交价 RMB 23，100

清晚期　粉彩人物瓷板蕊红木插屏
42 × 73.5cm　成交价 RMB 23，100

清　红木花几

39.3 × 39.3 × 95cm

成交价 RMB 3，300

清　红木平头案

207 × 44.8 × 105cm

成交价 RMB 15，400

清　红木雕花灯柱（一对）
146 × 39 × 39cm
成交价 RMB 16，500

清中期　红木雕花鸟纹柜
187 × 89 × 41cm
成交价 RMB 110，000

清　红木仿藤式半月桌
82 × 64 × 37cm
成交价 RMB 31，900

清　红木插屏（连座）
190 × 84 × 50cm
成交价 RMB 35，200

清　红木雕花扶手椅
茶几（一套）
（椅）99 × 62 × 48cm
（几）79 × 40 × 30cm
成交价 RMB 66，000

清　红木圈椅
61 × 58 × 97cm
成交价 RMB 15，400

清中期　红木长扶手椅
87 × 204 × 62cm
成交价 RMB 33，000

清中期　红木浮雕南官帽椅

108 × 62 × 48cm

成交价 RMB 16，500

清晚期　红木七屉书桌

89 × 161 × 66cm

成交价 RMB 35，200

清中期　红木皮面交椅
红木脚踏（各一件）
49.5 × 51 × 10.5cm
成交价 RMB 16，500

清　红木圈椅
58 × 45 × 96cm
成交价 RMB 8，800

清晚期　红木宫灯
69 × 69 × 88cm
成交价 RMB 11，000

清　红木瘿木面书柜
39 × 49 × 73cm
成交价 RMB 11，000

清　红木方桌，红木靠背椅（四件）
76 × 76 × 86cm　52 × 42 × 107cm
成交价 RMB 28，600

清晚期　红木大理石面书桌
81 × 140 × 69cm
成交价 RMB 27，500

清　红木提盒

39 × 22 × 30cm

成交价 RMB 2，750

清中期　红木翘头案

215 × 43 × 91cm

成交价 RMB 85，800

清乾隆　红木螺钿百寿壁挂

130 × 50cm

成交价 RMB 99，000

清乾隆　红木有束腰条桌

202 × 49 × 100cm

成交价 RMB 46，200

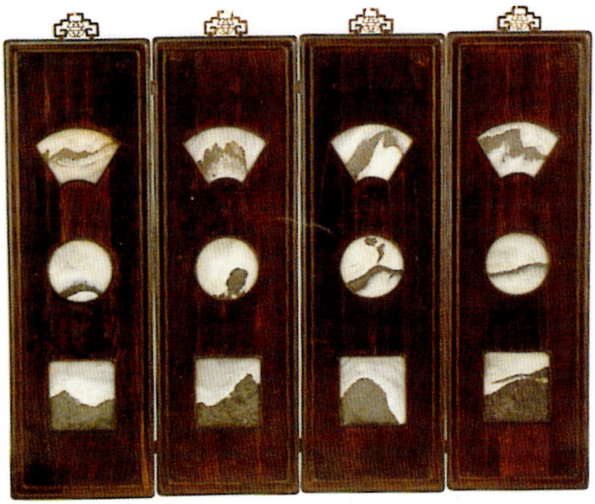

清晚期　红木镶楠木理石挂屏
116 × 37cm
成交价 RMB 27，500

清中期　红木大理石方桌
86 × 86 × 84cm
成交价 RMB 33，000

清中早期　红木霸王枨四平书桌

108 × 60 × 82cm

成交价 RMB 26，400

清中期　红木长靠背椅

197 × 55 × 91cm

成交价 RMB 27，500

清中期　红木文件箱

40 × 28 × 44cm

成交价 RMB 11，000

清中期　红木官帽椅（四件）

59.5 × 46 × 107cm

成交价 RMB 35，200

清晚期　红木方柱南官帽椅

107 × 58 × 45cm

成交价 RMB 9，900

清　红木被格

140 × 40 × 42cm

成交价 RMB 17，600

清中期　红木花台（一对）

39 × 39 × 95cm

成交价 RMB 22，000

清中期　红木方桌、靠背椅（四件）

98 × 43 × 106cm

成交价 RMB 19，800

清晚期　红木瘿木面琴桌

81 × 118cm　成交价 RMB 44, 000

清早期　红木架子床

222 × 155 × 240cm　成交价 RMB 385, 000

清　红木炕桌

82 × 57 × 19cm　成交价 RMB 9，350

清　红木大条案，红木官帽椅（六件）
红木方桌，柞木茶几（两件）

208 × 47 × 105cm，59 × 45 × 106cm

74 × 94 × 88cm　44 × 44 × 77cm

成交价 RMB 110，000

清　红木多宝格
72 × 34 × 161cm
成交价 RMB 33，000

清中期　红木圈椅（一对）
60 × 46 × 99cm
成交价 RMB 66，000

清　红木面盆架

49 × 75cm

成交价 RMB 41，800

清　红木围屏

294 × 269cm

成交价 RMB 63，800

清乾隆　黄花梨雕花椅
（一对）
96 × 61.5 × 50.5cm
成交价 RMB 43,000

明　黄花梨方角四件柜
256 × 118 × 53cm
成交价 RMB 600,000

清中期　黄花梨束腰方凳

46.5 × 57.5 × 57.5cm　成交价 RMB 22,000

明　黄花梨雕龙翘头案

150 × 42 × 97cm　成交价 RMB 500,000

明　黄花梨书箱(三件)

41 × 22 × 16cm　成交价 RMB 18,000

明　黄花梨隔扇（六件）
330 × 336cm
成交价 RMB 180,000

清中期　黄花梨嵌螺钿花蝶图诗文笔筒

H18.3cm

成交价 RMB 25,000

清　黄花梨小方角柜

70 × 45 × 80cm

成交价 RMB:28,000

清　黄花梨独板下卷案　　成交价 RMB 77,000

清　黄花梨大书桌
成交价 RMB 200,000

清　黄花梨面条柜
（一对）
成交价 RMB 350,000

清　黄花梨镶螺月牙桌
成交价 RMB 18,000

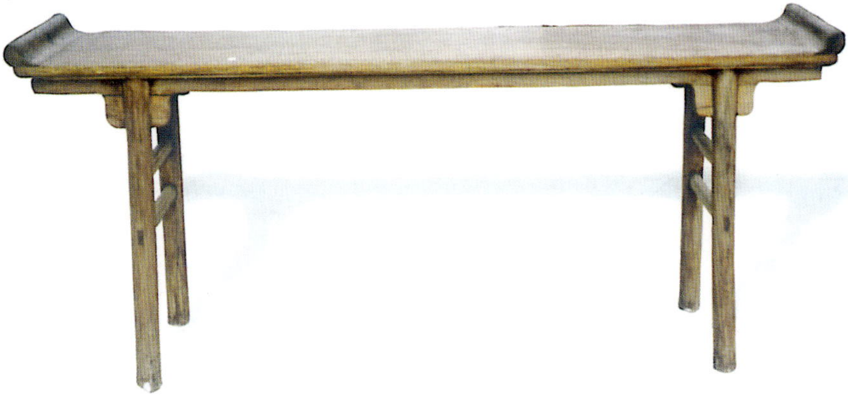

清　黄花梨大翘头案
成交价 RMB 8,000

清　黄花梨方桌　94 × 86cm　成交价 RMB 88,000

清　黄花梨圆角柜（一对）

167.5 × 84.5 × 40cm

成交价 RMB 58,000

明　黄花梨小衣箱

40 × 22 × 20cm

成交价 RMB 22，000

明　黄花梨官皮箱

34 × 25 × 31cm

成交价 RMB 12，100

明　黄花梨半匣

42 × 23 × 19cm

成交价 RMB 11，000

明　黄花梨小衣箱

59 × 31 × 25cm

成交价 RMB 107，800

明　黄花梨火盆架

40 × 75cm

成交价 RMB 11，000

清中期　黄花梨扶手椅（一对）

86 × 60cm

成交价 RMB 275，000

明　黄花梨书格

175 × 79.5cm

成交价 RMB 220，000

清早期　黄花梨有束腰雕花书桌

85.5 × 122cm

成交价 RMB 1，144，000

清　黄花梨麒麟挂件
51 × 51cm
成交价 RMB 4，400

明 黄花梨围屏
495 × 287cm
成交价 RMB 1，078，000

清　黄花梨雕携琴访友图挂屏
H 76.3cm
成交价 RMB 30，800

明　黄花梨瘿木独板平头案
202 × 49 × 88cm
成交价 RMB 3，300，000

明　黄花梨提盒
35 × 18 × 23cm
成交价 RMB 13，200

明　黄花梨面条柜
44.2 × 19.5 × 58.5cm
成交价 RMB 11，000

明　黄花梨药箱
34 × 27 × 35cm
成交价 RMB 66，000

清晚期　黄花梨三门小柜
116 × 78cm
成交价 RMB 16，500

明　黄花梨四出头官帽椅
53 × 50 × 93cm
成交价 RMB 132，000

清晚期　黄花梨长玫瑰椅
68 × 135cm
成交价 RMB 85，800

明　黄花梨出头榫圈椅
59 × 45 × 99cm
成交价 RMB 154，000

明　黄花梨圆腿平头案
62 × 56 × 81cm
成交价 RMB 418，000

明　黄花梨官皮箱
32 × 32 × 23cm
成交价 RMB 49，500

明　黄花梨半匣
40 × 24 × 18cm
成交价 RMB 11，000

明　黄花梨方角柜

87 × 112 × 5cm

成交价 RMB 154，000

明　黄花梨小圆角柜

70.5 × 44 × 110cm

成交价 RMB 308，000

清　黄花梨官皮箱、提盒（两件）

成交价 RMB 33，000

明　黄花梨提盒

34.5 × 18.5 × 22.7cm

成交价 RMB 14，300

清　黄花梨透雕镜台
20.5 × 33 × 33cm
成交价 RMB 16，500

明　黄花梨小方角柜
72.5 × 39 × 123cm
成交价 RMB 220，000

明　黄花梨瘿子芯一腿三牙方桌

92 × 92 × 80cm　成交价 RMB 330，000

清中期　黄花梨木小四件柜（一对）

80 × 44 × 158cm　成交价 RMB 352，000

清早期　黄花梨有束腰小炕桌

23.2 × 60.4cm　成交价 RMB 50，600

明　黄花梨一腿三牙罗锅枨方桌

82.5 × 82 × 82cm　成交价 RMB 51，700

清　黄花梨书架
71 × 28 × 86cm
成交价 RMB 3，300

清　黄花梨方角柜
70 × 38 × 120cm
成交价 RMB 1，320

清　黄花梨花杯

D 9.2cm

成交价 RMB 18，100

清　黄花梨木笔筒

H 21cm

成交价 RMB 17，800

清　黄花梨半桌

95 × 47 × 87cm

成交价 RMB 71，500

明　黄花梨瘿木芯方角柜

75 × 43 × 122cm

成交价 RMB 88，000

清　花梨长方盒

14.6 × 11.8cm　成交价 RMB 7，700

民国　花梨嵌骨梅兰竹菊四件柜

235 × 102cm　成交价　RMB 63，800

清　花梨木各式小箱（六件）

成交价 RMB 66，000

清早期　花梨木马鞍

24 × 28 × 16cm

成交价 RMB 6，600

清中晚期　花梨木条桌（一对）

120 × 39 × 85cm　成交价 RMB 30，800

清　花梨雕螭龙长方盒

31.5 × 16.7cm

成交价 RMB 44,000

清　花梨两面工穿衣镜

成交价 RMB 1,000

清　花梨圈椅（一对）　　成交价RMB 7，000

明　花梨石面长方桌

72 × 44 × 81cm

成交价RMB 1,100

清中期　花梨木雕龙纹文角柜（一对）

192 × 113 × 46

成交价 RMB 300，000

清晚期　花梨木书格

188 × 94 × 39cm

成交价 R M B 310,000

清中期　紫檀圆角炕柜（一对）
80 × 62 × 80cm
成交价 RMB 418，000

清　紫檀嵌银丝帽镜
58 × 30 × 86cm
成交价 RMB 25，300

清乾隆　紫檀云石面书桌
80 × 115 × 60cm
成交价 RMB 330，000

清　紫檀瘦骨罗汉
H 18cm
成交价 RMB 8，580

清　紫檀器物座
15 × 9 × 4cm
成交价 RMB 3，850

清　紫檀扶手椅（一对）
55 × 45 × 89cm 成交价 RMB 132，000

清乾隆　紫檀云石面小条案

82.5 × 98cm　成交价 RMB 214，500

清中期　紫檀嵌玉璧插屏

H 32cm　成交价 RMB 616，000

清　紫檀嵌玉香盒
H 6.3cm
成交价 RMB 24，200

清中期　紫檀雕花鸟嵌银丝长方盒
13.6 × 11cm
成交价 RMB 55，000

近代　紫檀雕龙髹漆长方盒
L 38cm　成交价 RMB 5，500

清　紫檀蕖花形印盒
D 6.5cm
成交价 RMB 9，900

汉　玉璧紫檀插屏
22 × 22cm
成交价 RMB 181，500

清晚期　紫檀贴皮博古柜

84 × 34 × 18cm

成交价 RMB 44，000

清中期　紫檀瘿木面书桌

83 × 134 × 70.5cm

成交价 RMB 187，000

明　紫檀镜架

47 × 43cm

成交价 RMB 24，200

清乾隆　紫檀四方香几

82 × 51.5 × 51.5cm

成交价 RMB 107，800

清　紫檀卷缸架，卷缸
55 × 56cm；57 × 35cm
成交价 RMB 30，800

清乾隆　紫檀夹头榫大平头案
92 × 209 × 51cm
成交价 RMB 440，000

清　紫檀圈椅（一对）

104 × 60.5 × 48cm　成交价 RMB 50,000

清　紫檀长条桌

141 × 83cm　成交价 RMB 150,000

清　紫檀双层提梁方盒
H15cm
成交价 RMB 8,000

清　紫檀小翘头案
成交价 RMB 49,500

明　紫檀全素独板罗汉床
193 × 96 × 65cm
成交价 RMB:1，400，000

清　紫檀壁灯
76 × 56cm　修　成交价 RMB:70,000

清早期　紫檀嵌瓷板南官帽椅（四件）

89 × 55 × 42.5cm

成交价 R M B 33,000

清　紫檀炕桌

106 × 70 × 30cm

成交价 RMB 30,000

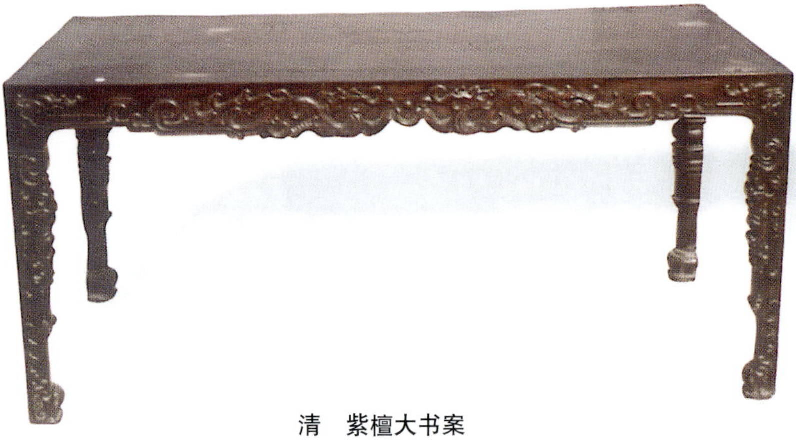

清　紫檀大书案
成交价 RMB 40,000

清　紫檀木架子床
230 × 227 × 179cm　成交价 RMB44,000

明　铁梨木官帽椅（两件）

59 × 45 × 92cm　成交价 RMB 17，600

明　铁梨木狩猎桌

102.5 × 85.5cm　成交价 RMB 30，800

清　铁梨木五屏式长椅　86 × 202 × 51cm　成交价 RMB19,800

明　铁梨木大翘头案　298 × 42 × 91cm　成交价 RMB 55，000

清　铁梨木翘头案　232 × 59 × 82cm　成交价 RMB 264，000

明　铁梨木翘头小香案
68 × 29 × 91cm
成交价 RMB 22,000

清　铁梨木写字台
成交价 RMB 11,000

清　鸡翅木镶石雕牧马图四屏

28.5 × 70cm

成交价 RMB 33，000

清中期　鸡翅木山水插屏

77.5 × 51.7cm

成交价 RMB 8，250

明　鸡翅木半桌

81 × 37 × 82cm

成交价 RMB 6，600

清中期　鸡翅木面条柜（连座）
174 × 76 × 44cm
成交价 RMB 60，500

明　鸡翅木琴桌
117.8 × 40 × 82.3cm
成交价 RMB 12，100

清　鸡翅木雕牧马图挂屏（两件）
H 49cm　成交价 RMB 11，000

清中期　鸡翅木拐子扶手椅（一对 ）
82 × 59.5 × 49.7cm　成交价 RMB 55，000

清　鸡翅木圈椅（一对）
成交价 RMB 13,200

清　鸡翅木花架（一对）
2 × 87 × 175cm
成交价 RMB 8,000

清鸡翅木镶影子木琴桌

成交价 RMB 10,000

清　鸡翅木方桌

91 × 80cm　成交价 RMB 44,000

清　鸡翅木象棋桌、方凳
成交价 RMB 99,000

清　鸡翅木月牙桌
成交价 RMB 77,000

清　鸡翅木带托圈椅
（一对）
成交价 RMB 110,000

清　鸡翅木大圆台
成交价 RMB 3,500

清中期　鸡翅木小方凳（一对）

39 × 40 × 40cm　成交价RMB 16,500

清　榉木罗汉床

214 × 111 × 71cm　成交价RMB 22,000

明　榉木大翘头案

248 × 49 × 53cm

成交价 RMB 19, 800

明　榉木圆角柜

90 × 46 × 168cm

成交价 RMB 57, 200

清　榉木架几案

310 × 44 × 90cm

成交价 RMB 11，000

明　榉木圆脚柜

83 × 45 × 136cm

成交价 RMB 10，450

清　榉木镂空可升降式烛台（一对）
H 134cm
成交价 RMB 9，900

清　榉木三屏风独板围子罗汉床
44 × 192 × 82cm
成交价 RMB 33，000

明　榉木绿石插屏
60 × 28 × 77cm
成交价 RMB 35，200

清晚期　榉木大宝座及脚踏　87 × 110 × 65cm　成交价 RMB 22, 000

清　榉木小圆角柜（一对）　88 × 44 × 144cm　成交价 RMB 27, 500

明　榉木四出头官帽椅（四件）

55 × 44 × 97cm　成交价 RMB 35，200

明　榉木开光架子床

225 × 165 × 226cm　成交价 RMB 209，000

清早期　榉木圈椅（一对）
58 × 46 × 97cm
成交价 RMB 22，000

清晚期　榉木可折式童椅
57 × 103 × 51cm
成交价 RMB 5，500

清　榉木大书桌
80 × 182 × 82cm
成交价 RMB 52，800

明　榉木圆脚柜
88 × 43 × 137cm
成交价 RMB 10，780

明　榉木小云头案
175 × 46 × 81cm
成交价 RMB 19，800

清　榉木方桌
76 × 76 × 83cm
成交价 RMB 6，600

清　榉木方桌、榉木椅（四件） 82 × 74 × 74cm　成交价 RMB 20，900

明　榉木开光架子床　216 × 144 × 205cm　成交价 RMB 41，800

明　榉木平头案
178 × 54 × 80cm
成交价 RMB 33，000

清　榉木圆角柜
84 × 45 × 167cm
成交价 RMB 44，000

清中期　榉木连桌、榉木灯挂椅（六件）
81 × 188 × 94cm　成交价 RMB 36，300

清早期　榉木大方角柜加座（一对）
94 × 50 × 205cm　成交价 RMB 66，000

清早期　榉木圈椅
56 × 44 × 95cm
成交价 RMB 4，620

清中期　榉木瓜棱腿圆角柜（一对）
172 × 94 × 50cm
成交价 RMB 60，500

清早期　榉木四屉书桌　164.5 × 60 × 82cm　成交价 RMB 16，500

清晚期　榉木瓜棱腿书桌　81.5 × 93.5 × 52cm　成交价 RMB 4，950

明　榉木云头大翘头案

223 × 54 × 84cm

成交价 RMB 41，800

明　榉木山水纹圆角柜

91.5 × 46 × 174cm

成交价 RMB 23，100

明　榉木雕灵芝大翘头案

243 × 52 × 88cm　成交价 RMB 22，000

清早期　榉木大方角柜加座（一对）

94 × 50 × 205cm

成交价 RMB 66，000

清　核桃木裹腿方桌

85 × 85 × 85cm

成交价 R M B　30,800

清　榉木攒牙方凳（一对）

53 × 56 × 56cm

成交价 R M B 22,000

清　榉木搭几式书桌、榆木四出头椅

86 × 167 × 83cm、115 × 57 × 44cm　成交价 RMB 19，800

明　榉木方桌(一件)、榉木四出头官帽椅(四把)

91 × 91 × 81cm、55 × 44 × 97cm

成交价 RMB 45,000

局部

清　榆木圈椅（四件）

59 × 48 × 101cm

成交价 RMB 60，500

清　佛龛，榆木供桌

95 × 58 × 87cm

98 × 71 × 84cm

成交价 RMB 16，500

清　榆木黑漆大罗汉床　254 × 150 × 87cm　成交价 RMB 30，800

明　南榆嵌楠木弯腿大书案　245 × 72 × 84cm　成交价 RMB 36，300

明　榆木子母屉榻　200 × 102 × 78cm　成交价 RMB 30，800

清　榆木擦漆小供案
128 × 47 × 88cm
成交价 RMB 3，300

清　榆木三屉桌
112 × 79 × 86cm
成交价 RMB 3，520

清　榆木半桌
85.5 × 70cm
成交价 RMB 5，500

清 榆木可升降式座灯（一对）
175 × 86 × 41cm
成交价 RMB 13，200

清中期 榆木攒背圈椅
94 × 56 × 45cm
成交价 RMB 19，800

清中期 核桃木小书柜
175 × 86 × 41cm
成交价 RMB 16，500

清 榆木火盆架
64 × 75cm
成交价 RMB 6，820

清早期　榆木官帽椅

57 × 43 × 108cm

成交价 RMB10,000

明　榆木黑漆雕塑花方桌

106 × 106 × 85cm

成交价 RMB12,000

明　榆木小佛柜

91 × 47 × 102cm

成交价 RMB:10,000

明　榆木雕花屉长桌

202 × 57 × 90cm

成交价 RMB22,000

明　榆木长排椅
268 × 53 × 90cm
成交价 RMB 22,000

清早期　榆木雕花翘头案
226 × 54 × 88cm
成交价 RMB 35,000

清　楠木三屉桌　112 × 79 × 86cm　成交价 RMB 3，520

明　紫楠嵌柏木面书案

213 × 62 × 82cm　成交价 RMB 38，500

明　楠木霸王枨长条桌

210 × 43 × 88cm　成交价 RMB 16，500

清早期　楠木面条柜（一对）
193 × 112cm　成交价 RMB 107，800

明　楠木架子床
235 × 160 × 222cm　成交价 RMB 77，000

清　楠木屏风（十二屏）

166 × 31.5cm

成交价 RMB103,000

明　楠木石面条案
270 × 55 × 90cm
成交价 RMB 27,000

清　梓檀夔龙长方盒
27 × 17cm　　有伤
成交价 R M B 46,000

清　梓檀嵌螺甸盒（两件）
13.7 × 10cm
成交价 RMB 50，600

清中期　梓檀百宝嵌长方盒
27.2 × 16.2cm
成交价 RMB 41，800

清中期　梓檀镶玉花瓣式盒
D 15.3cm
成交价 RMB 8，800

清早期　梓檀木镜框
88.5 × 46.8cm
成交价 RMB 27，500

清　梓檀木插屏
57 × 61.5cm
成交价 RMB 165，000

清晚期　梓檀木架几案
成交价 RMB 176，000

清中期　梓檀雕渔家乐插屏

H 26.5cm

成交价 RMB 8，800

清早期　梓檀木禅凳

60.5 × 60.5 × 52.5cm

成交价 RMB 44，000

清　　梓檀盒

L9.5cm　成交价 RMB 14，000

明　　梓檀卷曲纹盒

D8cm　成交价 RMB 30，000

清中期　　梓檀雕花卉倭角盒

L12cm　成交价 RMB 28，000

清中期　　梓檀嵌玉御制诗文长方盒

9.5 × 6.7cm　成交价 RMB 28，000

清中期　梓檀雕龙凤纹长方盒

48.5 × 25cm　成交价RMB 320,000

清　梓檀雕龙长方盒

51 × 28.5cm　成交价RMB 36,000

清　梓檀茶几

35.5 × 17.7cm　成交价RMB 40,000

清　梓檀雕花长方文具盒

41.6 × 33.8cm　成交价RMB 30,000

明　核桃木罗汉床

211 × 104 × 81cm

成交价 RMB 49，500

清　核桃木镶百宝大方角柜

119 × 55 × 194cm

成交价 RMB 63，800

清中期　乌木七屏风式扶手椅（一对）
81.5 × 52cm
成交价 RMB 165, 000

清　乌木漆面书案
83 × 125 × 72.5cm　成交价 R M B 88,000

清　瘿木山景

H 39cm

成交价 RMB 4，180

清康熙　桂圆木小书柜

49.5 × 40 × 22.5cm

成交价 RMB 11，000

清中期　柞木瘿木太师椅（四把）
58 × 43 × 84cm
成交价 RMB 28,000

177　**明　柞榛木长方凳（一对）**
46.5 × 37 × 50cm
成交价 RMB 13，200

明　柏木绿石小书案
97 × 76 × 85cm
成交价 RMB 13，200

清早期　柏木瓜棱腿条桌
198 × 38 × 9cm
成交价 RMB 19，800

清　柏木多宝格

83 × 43 × 178cm

成交价 RMB 6，600

清中期　黄柏半桌

成交价 RMB 8，800

清　樟木狮子（一对）
H 70cm　成交价 RMB 5，500

清晚期　杉木雕人物纹供桌
83 × 184.6 × 44.5cm　成交价 RMB 8，800

清晚期　槭木连座童圈椅
89 × 48 × 62cm
成交价 RMB 5，500

清　梧桐木雕龙大翘头案
289 × 55 × 97cm
成交价 RMB 5，500

清早期　红漆牛皮衣箱

68 × 45 × 26cm　成交价 RMB 3，300

清　黑漆描金龙纹顶箱大柜（一对）

114 × 53 × 238cm　成交价 RMB 30，800

清早期　大漆竹蓖小食盒
24 × 24 × 12cm
成交价 RMB 1，980

明　大漆描金竹蔑四撞食盒
78 × 46 × 73cm
成交价 RMB 13，200cm

清早期　大漆描金竹蓖大食盒
33 × 53 × 9cm
成交价 RMB 3，300

清早期　大漆竹蓖小食盒
23 × 23 × 14cm
成交价 RMB 2，200

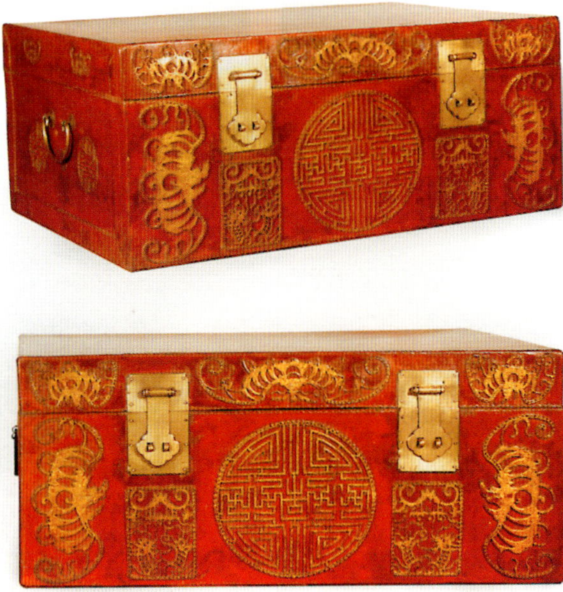

清中期　红漆描金大皮箱（一对）
93 × 70 × 40cm　成交价 RMB 28, 600

清早期　黑漆描金大皮箱（一对）
119 × 64 × 64cm　成交价 RMB 57, 200

清末　大漆花鸟柜（一对）

61 × 31 × 94cm　成交价 RMB 6，600

清　黑漆顶箱大柜（一对）

120 × 56 × 240cm　成交价 RMB 16，500

清早期　大漆五彩博古大柜

130 × 56 × 202cm

成交价 RMB:50,000

清末　五彩漆牛皮箱（一对）
85 × 62 × 40cm
成交价 RMB 17,000

明　彩漆花腿闷桌
98 × 60 × 83cm
成交价 RMB 10,000

清初　黑漆雕花弯腿翘头案

292 × 45 × 96cm

成交价 RMB 33,000

明　红漆单屉书桌

103 × 66 × 87cm

成交价 RMB 8,000

明　长花板

300 × 32cm　　成交价 RMB 11,000

清早期　黑漆圆腿四门柜

123 × 62 × 196cm

成交价 RMB 23,000

明　黑漆嵌百宝笔筒

13 × 13 × 16cm

成交价 RMB 2,300

明早期　黑漆描金山水插屏

48 × 27 × 53.5cm

成交价 RMB 2,700

清　木雕龙纹挂牌

D51cm

成交价RMB 7,700

清中期　木雕瘦骨罗汉

H14.3cm

成交价RMB 49,000

清初　大漆镙钿花卉长方盘

D 37.2cm　成交价 RMB 55,000

清　黑漆琴几

127 × 44 × 49cm　成交价 RMB 26，000

鸣谢：

中国嘉德国际拍卖有限公司
北京翰海艺术品拍卖公司
太平洋国际拍卖有限公司
天津国际拍卖有限责任公司
上海国际商品拍卖有限公司

古代木器家具

铁　源　主编

责任编辑：柳　青　　封面设计：羚　羊

出版发行：华　龄　出　版　社　北京市西城区鼓楼西大街41号

经　销　新华书店　　印　张　5
开　本　889mm × 1194mm 大32开　　印　刷　北京雅昌彩色印刷有限公司
版　次　2000年9月第2版　　2006年3月第4次印刷
印　数　13001–18000册　　定　价：39.80元

电话：010–84044445　010–84043715　010–84015586　010–84043706
传真：010–84039173

老古董丛书